Hariprakash Baskar

Sistema de reclamação da empresa baseado no Android utilizando o módulo de voz

Hariprakash Baskar

Sistema de reclamação da empresa baseado no Android utilizando o módulo de voz

ScienciaScripts

Imprint
Any brand names and product names mentioned in this book are subject to trademark, brand or patent protection and are trademarks or registered trademarks of their respective holders. The use of brand names, product names, common names, trade names, product descriptions etc. even without a particular marking in this work is in no way to be construed to mean that such names may be regarded as unrestricted in respect of trademark and brand protection legislation and could thus be used by anyone.

Cover image: www.ingimage.com

This book is a translation from the original published under ISBN 978-620-2-31221-9.

Publisher:
Sciencia Scripts
is a trademark of
Dodo Books Indian Ocean Ltd. and OmniScriptum S.R.L publishing group

120 High Road, East Finchley, London, N2 9ED, United Kingdom
Str. Armeneasca 28/1, office 1, Chisinau MD-2012, Republic of Moldova, Europe
Managing Directors: Ieva Konstantinova, Victoria Ursu
info@omniscriptum.com

Printed at: see last page
ISBN: 978-620-8-41033-9

RESUMO

Armazenar a queixa no formato de voz (mp3, wav) faz com que os analfabetos possam apresentar a queixa de uma forma fácil, para que possam exprimir os seus sentimentos à sua maneira, de modo a que a queixa possa ser clara e possa ser ouvida por um funcionário da empresa e este possa registar a queixa e, em breve, corrigir o defeito na área específica.

Esta é a aplicação android que é usada para reclamar as necessidades das pessoas na corporação através da aplicação móvel por sua voz, esta aplicação também contém a câmera que fornece para tirar a foto de seus problemas de área e, em seguida, eles podem fazer o upload para a corporação. a localização do usuário pode ser facilmente rastreada por dados que eles entraram no registro

Primeiro, no momento do registo, o utilizador deve fornecer o número do cartão Aadhar e o número de telemóvel fornecido no cartão Aadhar. Em cada momento da reclamação, será gerado um OTP, se for considerado falso por mais de 2 vezes, o cartão Aaadhar será localizado e será cancelado e o utilizador falso será severamente punido.

Conteúdo

CAPÍTULO 1

INTRODUÇÃO

1.1 SINOPSE

O avanço na mobilidade leva as tecnologias ao pico do Everest, o que resultou em muitas aplicações android e iOS para a sociedade, para fins militares ou civis, não só a aplicação Gaming para as crianças e jovens, mas também as aplicações civis para todos os tipos de pessoas, para dizer o que pensam sobre o que os rodeia.

1.2 OBJECTIVO

Monitorização da localização da pessoa que apresentou a queixa utilizando esta aplicação pelo manipulador de localização.de modo que ele não precisa salvar o endereço de sua localização e ele não precisa digitar o endereço e código pin e assim e assim.Apenas a localização do manipulador de localização é levado para o banco de dados da corporação.O moto principal da aplicação é "VOICE MODULE".Como o título sugere que o usuário público gravar sua queixa e basta tocar em enviar. Esta aplicação facilita a apresentação de queixas por parte do público, que precisa de escrever uma carta de reclamação e ir ao escritório da corporação, ficar numa fila enorme e nem sequer ler a queixa, uma vez que muitos dos funcionários são analfabetos.

1.3 ESTUDO DE VIABILIDADE

A análise de viabilidade é realizada para selecionar o melhor sistema que satisfaça os requisitos do utilizador. Os objectivos do estudo consistem em obter o âmbito do ecrã. Durante o estudo, a definição do problema é cristalizada e os aspectos do sistema são determinados. Como os resultados do limite e os objectivos do sistema proposto estão bem definidos, neste sistema de recuperação de imagens baseado em conteúdos descobrimos a viabilidade técnica para desenvolver um projeto.

Os principais aspectos do estudo de viabilidade são os seguintes

- Técnica

- Económico

- Operacional

1.3.1 Viabilidade técnica

A avaliação baseia-se num esboço dos requisitos do sistema em termos de entradas, processos, saídas, campos, programas e procedimentos, que podem ser quantificados em termos de volume de dados, tendências, frequência de atualização, etc., a fim de estimar se o novo sistema terá ou não um desempenho adequado.

1.3.2 Viabilidade económica

A análise económica é o método mais frequentemente utilizado para avaliar a eficácia de um novo sistema. Mais conhecido como análise custo/benefício, o procedimento consiste em determinar os benefícios e as poupanças que se esperam de um sistema candidato e compará-los com os custos.

Se os benefícios superam os custos, então é tomada a decisão de conceber e implementar o sistema. Um empresário deve pesar corretamente os custos versus benefícios antes de tomar uma ação.

1.3.3 Viabilidade operacional

É uma medida de quão bem um sistema proposto resolve os problemas e tira partido das oportunidades identificadas durante as definições do âmbito e de como satisfaz os requisitos identificados na fase de análise dos requisitos do sistema.

1.4 ÂMBITO DO PROJECTO

A nossa aplicação baseia-se no módulo de gravação, uma vez que a queixa da pessoa é registada pelo ficheiro áudio e esse ficheiro é armazenado na base de dados da empresa, de modo a que o áudio possa ser ouvido pelo respetivo departamento responsável e as medidas necessárias sejam tomadas em breve.O principal objetivo do projeto, que ainda não foi desenvolvido nas versões mais avançadas, é que a notificação seja enviada depois de as pessoas do respetivo departamento verem a nossa queixa e ouvirem a nossa queixa, se a queixa for recuperada, a lista da queixa deve desaparecer automaticamente, estas são as versões avançadas que devem ser feitas no nosso projeto para que possa ser um pacote completo do escritório da corporação. **1.5 SISTEMA EXISTENTE**

Prajavani é uma iniciativa de governação eletrónica que resulta dos esforços combinados da administração distrital e do Centro Nacional de Informática em Ranga Reddy (AP, Índia). A iniciativa não só está a dar uma forma prática à Lei do Direito à Informação, como também está a criar oportunidades de emprego para os jovens instruídos e desempregados de Ranga Reddy. Prajavani é um programa único de parceria público-privada, que dá aos cidadãos a oportunidade de interagir com o governo sem se deslocarem a qualquer gabinete governamental.

O sistema Prajavani não só dá aos cidadãos uma via para acompanhar o progresso das suas queixas, como também fornece ao Coletor uma ferramenta eficaz para monitorizar o desempenho dos vários departamentos. O Centro Nacional de Informática (NIC) forneceu os conhecimentos técnicos necessários para o projeto. O projeto foi iniciado como projeto-piloto no distrito de Ranga Reddy e está a ser executado com êxito em Nalgonda e Adilabad.

DESVANTAGEM DO SISTEMA EXISTENTE 1. Não dispõem de um módulo de voz para registar a queixa

2. não têm rastreio de contas falsas

3.2 SISTEMA PROPOSTO

No sistema proposto, o utilizador precisa de instalar a aplicação em vez de ir ao escritório ao vivo, basta gravar a voz ou tirar uma fotografia ou gravar um vídeo e clicar em publicar a reclamação, a localização do utilizador pode ser vista diretamente através dos dados introduzidos pelo utilizador no formulário de registo.

Os utilizadores falsos podem ser encontrados através do OTP e o seu Reg id é cancelado.

VANTAGENS DO SISTEMA PROPOSTO

1. permite que o utilizador grave a sua própria voz para a reclamação

2. rastreia o utilizador falso através da identificação nacional e pode penalizá-lo

3. filtra a conta falsa através da técnica OTP para o envio da queixa

CAPÍTULO 2

PESQUISA BIBLIOGRÁFICA

O objetivo da pesquisa bibliográfica é dar uma breve visão geral e também estabelecer informações completas sobre os trabalhos de referência propostos. O objetivo da pesquisa bibliográfica é especificar completamente os detalhes técnicos relacionados com o projeto principal de uma forma concisa e inequívoca.

[1] Anand Kulkarni, Naved Khan, Ajinkya Modak ***Aplicação Android com voz para um sistema de notificação de queixas de trânsito e de buracos utilizando GPS e tecnologia GSM-GPRS***

A Índia enfrenta uma série de problemas relacionados com os veículos que não são comunicados e que, por isso, não são tratados. A falta de qualidade dos semáforos, os buracos e as estradas são alguns dos inúmeros problemas comuns que afectam as vias públicas. As pessoas são obrigadas a comunicar estes problemas, uma vez que os canais de reclamação são inconvenientes. Por exemplo, os buracos na Abraham Road, no banco Lincoln SBI. Este documento apresenta a arquitetura de uma abordagem baseada no Sistema de Posicionamento Global (GPS) para a comunicação de problemas utilizando o Sistema Global de Comunicações Móveis (GSM) para a manutenção de estradas. Para melhorar a precisão e a eficiência, o GPS pode ser utilizado para localizar três valores das coordenadas de um recetor GPS, nomeadamente a longitude, a latitude e a altitude. A localização, a data e a hora serão optimizadas.

[2] Anjana A, Bhagyashree P Bhat , Sridevi K, Sunil Kumar ***Desenvolvimento de uma aplicação de controlo da iluminação pública e de apresentação de queixas baseada no Android***

Esta aplicação androide gere todas as luzes de rua de uma zona. Também utiliza manualmente para ligar ou desligar as luzes o microcontrolador PIC 18, LDR (resistência dependente da luz), GSM, LCD e relés automaticamente. Um microcontrolador de oito bits é um sistema autónomo dotado de memória, de um processador que consome menos energia e de periféricos que podem ser utilizados como um sistema integrado. Se alguma das luzes da rua não funcionar ou parecer fraca , pode ser comunicada ao administrador para mais necessidades. O GSM é utilizado para comunicar entre o telemóvel inteligente Android e o sistema de iluminação pública. Mas o nosso sistema funciona com Internet, o que é uma vantagem. Qualquer pessoa com o smartphone pode facilmente apresentar a sua queixa, que é o seu problema na sua área, à Corporation instantaneamente.

[3] Zeeshan R. Mulla , Aaditya Kulkarni, Pooja Gaikwad, *Train operation management system on android operating system using Ad-Hoc network*

O objetivo deste projeto é fornecer comboios como verificação de bilhetes, serviços de despensa e registo de reclamações e feedback. A intenção é facilitar a operação dos serviços de reserva de bilhetes através de uma aplicação android. Isso ajuda a criar um sistema android totalmente automatizado para o sistema de reservas ferroviárias e não apenas para ele, mas também para outros serviços ferroviários. A rede Ad-Hoc será configurada entre o telemóvel android e o dispositivo servidor, através do qual os dados serão transferidos sem fios. Isto confere uma vantagem adicional a este projeto.

[4] Devika Radhakrishnan, Nisarg Gandhewar, Ruchita Narnaware, Prayas Pagade, Arpan Tiwari e Pooja Vijaywargi
Sistema Inteligente de Gestão de Reclamações

O objetivo da criação desta aplicação é simplificar o processo de apresentação de queixas à respectiva Corporação Municipal e torná-lo mais rápido e mais barato. No nosso país, temos organismos governamentais que são responsáveis pela manutenção e funcionamento das cidades. É toda a sua responsabilidade para resolver a queixa dos cidadãos. Para isso, a corporação municipal tem duas formas: em primeiro lugar, têm de ser instaladas câmaras ou outros dispositivos de vigilância e, em segundo lugar, os cidadãos podem comunicar o seu problema à corporação municipal. A segunda forma é mais utilizada porque é mais barata do que a primeira. No entanto, é preciso papelada e tempo, porque os cidadãos têm de se deslocar aos serviços municipais e comunicar os problemas com que se deparam, que podem ser resolvidos pela corporação municipal ou, devido ao aparecimento da Internet e das suas várias capacidades, tem havido um aumento do número de sítios de queixas que proporcionam aos cidadãos uma plataforma para apresentarem uma queixa em linha. Como os telemóveis são mais utilizados pelas pessoas, esta aplicação ajudará as pessoas a apresentar uma queixa através dele e pode anexar uma imagem das coisas que estão a causar o problema e a localização será rastreada usando GPS (Global Positioning System). A aplicação também fornece uma facilidade de usuário para ver o status de apresentar queixa até que seja resolvido, enquanto o sistema on-line ajudará os oficiais da Corporação Municipal a resolver / rejeitar a queixa com motivos e monitorar o status da queixa.

[5] Gunjan.R.Shete, Swati.D.shinde, Dilip .A. Shah, Sujeet .R. Sharma, A.R.Gaidhani ***Sistema de rastreio de veículos e prevenção de acidentes baseado em smartphone***

Este sistema utiliza um sistema de autenticação para ligar o motor dos veículos, de modo a garantir que estes pertencem ao seu proprietário, evitando assim roubos e acidentes. Depois de ligar o motor, este não pode voltar a arrancar sem a autorização da palavra-passe. Cada vez que o dispositivo GPS recebe as coordenadas, envia-as para o servidor após um determinado período de tempo. Isto também fornece pormenores adicionais para garantir que o veículo não se perde. Este sistema coloca a máquina em modo de repouso, se o veículo for manuseado pelo proprietário ou por pessoas autorizadas, caso contrário entra em modo ativo. Para abrir as portas ou ligar o motor, o utilizador tem de fornecer uma palavra-passe, caso contrário o veículo não poderá funcionar. A desvantagem é que, se o utilizador se esquecer da palavra-passe, não pode efetuar qualquer operação. A maior parte das pessoas, deprimidas ou tensas, esquecem-se da palavra-passe. Se houvesse outro método de autenticação, seria ótimo.

[6] Keshav Singh Rana, Rupinderdeep Kaur ***Atendimento ao cliente em linha: Uma aplicação Android para clientes móveis usando síntese de fala***

Qualquer pessoa em todo o mundo gosta de introduzir dados numa máquina através da voz e é a melhor forma de poupar tempo e esforço. Utiliza um tradutor de línguas intermédio para converter texto em voz. Vários softwares utilizam coisas diferentes e combinam tudo num só, o que o torna melhor. Há muitos tradutores melhores, mas estão limitados a um só. Com o apoio da nuvem, é possível combinar todos os melhores tradutores e combiná-los para efetuar todo o processamento linguístico. O tradutor de línguas que recebe o texto de entrada dividido em palavras individuais e após a identificação do seu fator fonético. O indivíduo não só pode ouvir o texto, como também pode ler o texto traduzido com esse do tradutor de línguas. A desvantagem é que só funciona em hindi e inglês. Mas um cliente pode precisar de outras línguas que não podem ser fornecidas pela aplicação.

[7] Melina Fernandes, Merika Britto, Festo Francis *Sistema de Gestão de Reclamações baseado em Android: Canto do Povo*

Em muitos países, existem organismos cívicos que são órgãos de governação local que ajudam a manter e a gerir as cidades. Estes organismos são maioritariamente designados por Cooperação Municipal. A resposta às queixas dos cidadãos é também um fator primordial. Para tal, o MC pode ter de instalar câmaras de censura ou outros dispositivos de vigilância para garantir o bom funcionamento da cidade. Assim, sabemos que a manutenção de uma grande cidade pode necessitar de algum tipo de vigilância. Atualmente, os cidadãos utilizam os seguintes métodos para apresentar queixas: 1) uma pessoa pode visitar o gabinete da direção, onde outra pessoa que trabalha para a direção a ouve e toma nota da queixa; 2) através de um portal Web; 3) através de um centro de contacto telefónico. Propomos uma aplicação móvel que pode tornar a apresentação de uma queixa muito mais fácil e simples. A ideia principal é criar uma interface móvel de fácil utilização e em inglês, que possa ser utilizada em conjunto com a infraestrutura do portal Web atualmente existente

CAPÍTULO 3
ESPECIFICAÇÃO DO SISTEMA

A especificação do sistema é uma descrição completa do comportamento do sistema a desenvolver. Inclui um conjunto de casos de utilização que descrevem todas as interações que os utilizadores terão com o software. Este capítulo descreve claramente as linguagens de software utilizadas na conceção do sistema e o seu significado. A especificação dos requisitos é a especificação técnica dos requisitos para os produtos de software. É a primeira etapa do processo de análise dos requisitos e enumera os requisitos de um determinado sistema de software, incluindo requisitos funcionais, de desempenho e de segurança.O objetivo da especificação dos requisitos de software é fornecer uma visão geral pormenorizada do projeto de software, dos seus parâmetros e objectivos, descrevendo o público-alvo do projeto e os seus requisitos de interface com o utilizador, de hardware e de software, definindo a forma como o cliente, a equipa e o público vêem o projeto e a sua funcionalidade.

3.1 ESPECIFICAÇÃO DO SOFTWARE

Sistema operativo : Windows 7/8/10

Front End : Android Estúdio

Extremidade traseira : SQLite

Língua : Java

3.2 ESPECIFICAÇÕES DE HARDWARE

Processador : Processador i5-7400T

RAM : 4 GB DE RAM DDR3

Monitor	:	18" COR
Emulador	:	Nexus 5'inch
Disco rígido	:	40 GB
Teclado	:	Padrão 102 teclas

3.3 ESPECIFICAÇÃO DA LÍNGUA

INTRODUÇÃO AO ANDROID

"O Android é uma plataforma de software para dispositivos móveis que inclui um sistema operativo, middleware e aplicações-chave. O SDK android fornece as ferramentas e APIs necessárias para começar a desenvolver aplicações na plataforma android utilizando a linguagem de programação Java"[1]. O Android é desenvolvido pela Google em parceria com a Open Handset Alliance (Intel, Motorola, Samsung, etc.).

Algumas caraterísticas importantes

Segue-se um resumo das caraterísticas mais importantes do Android que o distinguem de outras plataformas de software para dispositivos móveis.

- Máquina virtual Dalvik: É uma máquina virtual optimizada para dispositivos móveis

- Estrutura da aplicação: A estrutura android permite a reutilização e a recolocação de componentes.

Ambiente de desenvolvimento: O Android tem um ambiente de desenvolvimento rico que inclui um emulador de dispositivos, ferramentas para depuração, perfis de memória e desempenho e um plug-in para o IDE Eclipse.

ARQUITECTURA ANDROID

O Android está arquitectado sob a forma de uma pilha de software que inclui aplicações, um sistema operativo , um ambiente de tempo de execução, middleware, serviços e bibliotecas. Esta arquitetura pode, talvez, ser melhor representada visualmente como se descreve na Figura 6-1. Cada camada da pilha, e os elementos correspondentes dentro de cada camada, estão estreitamente integrados e cuidadosamente ajustados para proporcionar o ambiente ideal de desenvolvimento e execução de aplicações para dispositivos móveis.

Os componentes de aplicação são os blocos de construção essenciais de uma aplicação Android:

- Uma atividade representa um único ecrã com uma interface de utilizador (IU).
- Um serviço é um componente sem uma IU que é executado em segundo plano para efetuar operações de longa duração ou para efetuar trabalho para processos remotos.
- Um fornecedor de conteúdos gere um conjunto partilhado de dados de aplicações no sistema de ficheiros, numa base de dados SQLite, na Web ou em qualquer outro local de armazenamento persistente.
- Um recetor de difusão responde a anúncios de difusão em todo o sistema, tais como o ecrã ter-se desligado, a bateria estar fraca ou ter sido captada uma imagem.

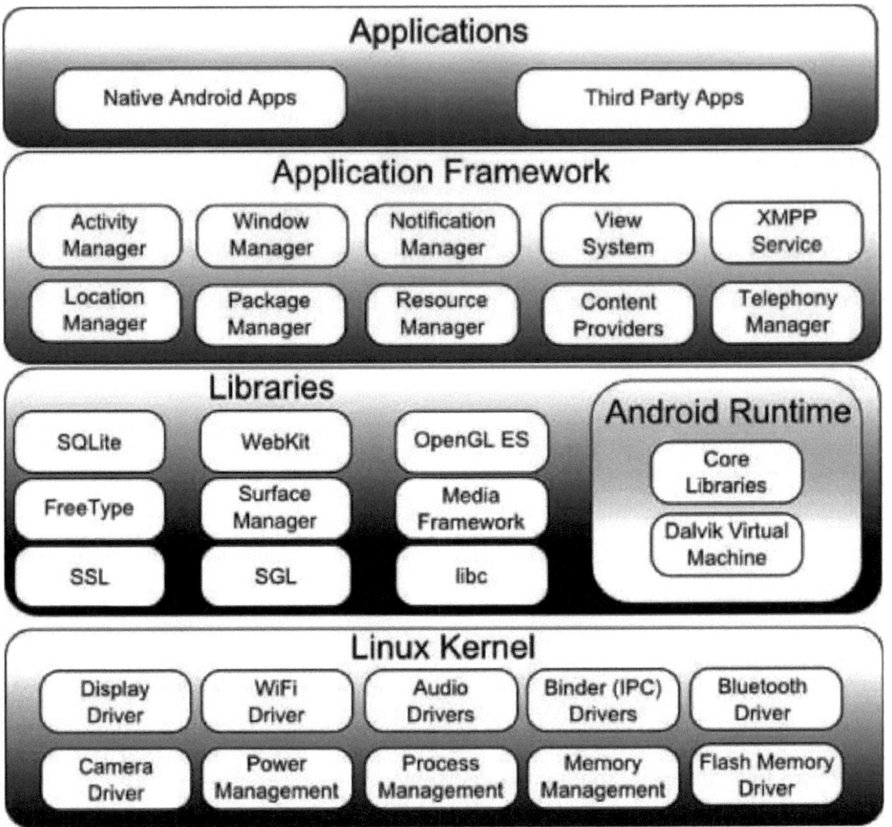

O resto deste capítulo irá trabalhar através das diferentes camadas da pilha Android, começando na parte inferior com o Kernel Linux.

O kernel do Linux

Posicionado na parte inferior da pilha de software Android, o Kernel Linux fornece um nível de abstração entre o hardware do dispositivo e as camadas superiores da pilha de software Android. Baseado na versão 2.6 do Linux, o kernel fornece multitarefa preemptiva, serviços de sistema central de baixo nível, como memória, processo e gestão de energia, além de fornecer uma pilha de rede e controladores de dispositivo para hardware como o ecrã do dispositivo, Wi-Fi e áudio.

O kernel original do Linux foi desenvolvido em 1991 por Linus Torvalds e foi combinado com um conjunto de ferramentas, utilitários e compiladores desenvolvidos por Richard Stallman na Free Software Foundation para criar um sistema operativo completo referido como GNU/Linux. Várias distribuições Linux foram derivadas desses fundamentos básicos, como o Ubuntu e o Red Hat Enterprise Linux.

É importante notar, no entanto, que o Android utiliza apenas o kernel do Linux. Dito isto, vale a pena notar que o kernel Linux foi originalmente desenvolvido para ser utilizado em computadores tradicionais, sob a forma de computadores de secretária e servidores. De facto, o Linux está agora mais amplamente implementado em ambientes de servidores empresariais de missão crítica. É uma prova do poder dos dispositivos móveis actuais e da eficiência e desempenho do kernel Linux que encontramos este software no centro da pilha de software Android.

Tempo de execução do Android - Máquina virtual Dalvik

Como observado anteriormente, o kernel do Linux fornece um ambiente de execução multitarefa que permite a execução simultânea de vários processos. Seria fácil assumir, portanto, que cada aplicação Android é simplesmente executada como um processo diretamente no kernel Linux. De facto, cada aplicação executada num dispositivo Android fá-lo dentro da sua própria instância da máquina virtual Dalvik (VM).

A execução de aplicações em máquinas virtuais oferece uma série de vantagens. Em primeiro lugar, as aplicações estão essencialmente protegidas, na medida em que não podem interferir de forma prejudicial (intencionalmente ou não) com o sistema operativo ou outras aplicações, nem podem aceder diretamente ao hardware do dispositivo. Em segundo lugar, este nível de abstração imposto torna as aplicações neutras em termos de plataforma, na medida em que nunca estão ligadas a um hardware específico.

A máquina virtual Dalvik foi desenvolvida pela Google e baseia-se no kernel Linux subjacente para a funcionalidade de baixo nível. É mais eficiente do que a VM Java padrão em termos de utilização de memória e foi especificamente concebida para permitir que várias instâncias sejam executadas de forma eficiente dentro dos limites de recursos de um dispositivo móvel.

Para ser executado numa VM Dalvik, o código da aplicação tem de ser transformado a partir de ficheiros de classe Java padrão para o formato executável Dalvik (.dex), que tem uma pegada de memória 50% mais pequena do que o bytecode Java padrão. Os ficheiros de classe Java padrão podem normalmente (embora nem sempre) ser convertidos para o formato Dex utilizando a ferramenta dx incluída no Android SDK.

Tempo de execução do Android - Bibliotecas principais

As bibliotecas de base do Android (também designadas por bibliotecas Dalvik) dividem-se em três categorias principais, cada uma das quais merece uma descrição individual

Bibliotecas específicas da VM Dalvik

Este é um conjunto de bibliotecas utilizadas predominantemente para interagir diretamente com uma instância da VM Dalvik e é pouco provável que seja utilizado pela maioria dos programadores de aplicações Android.

Bibliotecas de interoperabilidade Java

As aplicações Android são predominantemente desenvolvidas utilizando a linguagem de programação Java. O ambiente de desenvolvimento Java padrão inclui uma vasta gama de classes que estão contidas nas principais bibliotecas de tempo de execução Java. Estas bibliotecas fornecem suporte para tarefas como o tratamento de cadeias de caracteres, redes e manipulação de ficheiros (para citar apenas algumas) e são familiares e amplamente utilizadas pelos programadores Java, independentemente da plataforma.

As bibliotecas de interoperabilidade Java são uma implementação de código aberto (com base no projeto Apache Harmony) de um subconjunto das bibliotecas de núcleo Java padrão que foram adaptadas e transformadas para utilização por aplicações executadas numa VM Dalvik.

Bibliotecas Android

Esta categoria engloba as bibliotecas baseadas em Java que são específicas para o desenvolvimento do Android. Exemplos de bibliotecas nesta categoria incluem as bibliotecas da estrutura de aplicações, para além das que facilitam a construção da interface do utilizador, o desenho de gráficos e o acesso a bases de dados.

Segue-se um resumo de algumas das principais bibliotecas Android disponíveis para o programador Android:

- android.app - Fornece acesso ao modelo de aplicação e é a pedra angular de todas as aplicações Android.

- android.content - Facilita o acesso ao conteúdo, a publicação e o envio de mensagens entre aplicações e componentes de aplicações.
- android.database - Utilizado para aceder a dados publicados por fornecedores de conteúdos e inclui classes de gestão de bases de dados SQLite.
- android.graphics - Uma API de desenho gráfico 2D de baixo nível, incluindo cores, pontos, filtros, rectângulos e telas.
- android.hardware - Apresenta uma API que fornece acesso a hardware, como o acelerómetro e o sensor de luz.
- android.opengl - Uma interface Java para a API de renderização de gráficos 3D OpenGL ES.
- android.os - Fornece às aplicações acesso ao sistema operativo padrão serviços, incluindo mensagens, serviços de sistema e comunicação entre processos.
- android.media - Fornece classes para permitir a reprodução de áudio e vídeo.
- android.net - Um conjunto de APIs que fornecem acesso à pilha de rede. Inclui android.net.wifi, que fornece acesso à pilha sem fios do dispositivo.
- android.provider - Um conjunto de classes de conveniência que fornecem acesso a

bases de dados de fornecedores de conteúdos padrão do Android, como as mantidas pelas aplicações de calendário e de contactos.

- android.text - Utilizado para processar e manipular texto no ecrã de um dispositivo.
- android.util - Um conjunto de classes utilitárias para efetuar tarefas como a conversão de cadeias de caracteres e números, o tratamento de XML e a manipulação de datas e horas.
- android.view - Os blocos de construção fundamentais das interfaces de utilizador das aplicações.
- android.widget - Uma coleção rica de componentes de interface do utilizador pré-construídos, tais como botões, etiquetas, visualizações de listas, gestores de layouts, botões de rádio, etc.
- android.webkit - Um conjunto de classes destinadas a permitir a integração de capacidades de navegação na Web em aplicações.

Tendo abordado as bibliotecas de núcleo baseadas em Java no tempo de execução do Android, é agora altura de voltar a nossa atenção para as bibliotecas baseadas em C/C++ contidas nesta camada da pilha de software Android.

A estrutura do Android inclui os seguintes serviços principais:

Gestor de actividades - Controla todos os aspectos do ciclo de vida da aplicação e da pilha de actividades.

Fornecedores de conteúdos - Permite às aplicações publicar e partilhar dados com outras aplicações.

Gestor de recursos - Fornece acesso a recursos incorporados não codificados, tais como cadeias de caracteres, definições de cores e esquemas da interface do utilizador.

Gestor de notificações - Permite que as aplicações apresentem alertas e notificações ao utilizador.

Sistema de visualização - Um conjunto extensível de visualizações utilizado para criar interfaces de utilizador de aplicações.

Gestor de pacotes - O sistema através do qual as aplicações podem encontrar informações sobre outras aplicações atualmente instaladas no dispositivo.

Gestor de telefonia - Fornece informações à aplicação sobre os serviços de telefonia disponíveis no dispositivo, tais como informações sobre o estado e os assinantes.

Gestor de localização - Fornece acesso aos serviços de localização, permitindo que uma aplicação receba actualizações sobre alterações de localização.

CAPÍTULO 4

ANÁLISE E CONCEPÇÃO DE SISTEMAS

A conceção do sistema implica a identificação das classes, das suas relações e da sua colaboração. No objetor, as classes são divididas em classes de entidade e classes de controlo. As ferramentas CASE (Computer Aided Software Engineering - Engenharia de Software Assistida por Computador) disponíveis comercialmente não prestam qualquer assistência nesta transição. As ferramentas CASE tiram partido da modelação Meta que só é útil após a construção do diagrama de classes. No método FUSION, algumas abordagens orientadas para os objectos, como a técnica de modelação de objectos (OMT), as classes e as responsabilidades. Colaboradores (CRC), etc., são utilizadas. O Objetor utilizou o termo "agentes" para representar alguns dos sistemas de hardware e software.

No método Fusion, não existe uma fase de requisitos, em que um utilizador fornece o documento inicial de requisitos. Qualquer projeto de software é elaborado pelo analista e pelo designer. O analista cria o diagrama de casos de utilização. O designer cria o diagrama de classes. Mas o designer só o pode fazer depois de o analista criar o diagrama de casos de utilização. Uma vez terminado o projeto, é essencial decidir qual o software adequado para a aplicação.

4.1 DIAGRAMA DE ARQUITECTURA

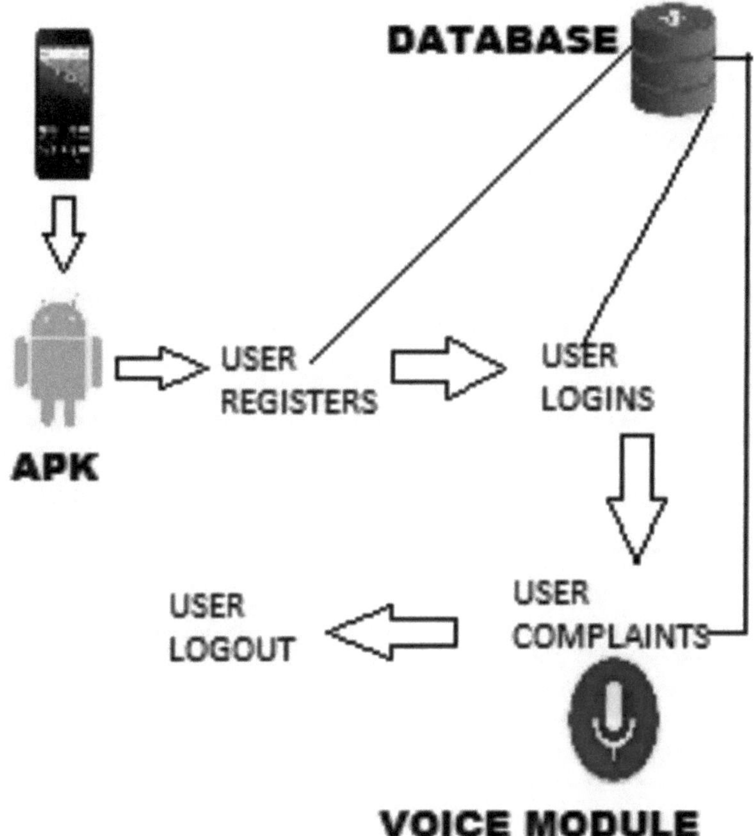

Figura 4.1 Arquitetura da aplicação

4.2 Diagramas UML do projeto

A UML é uma linguagem padrão para especificar, visualizar e documentar sistemas de software e foi criada pelo Object Management Group (OMG) em 1997. Existem três tipos importantes de modelação UML: modelo estrutural, modelo comportamental e modelo de arquitetura. Para modelar um sistema, o aspeto mais importante é capturar o comportamento dinâmico que tem alguns factores internos ou externos para fazer a interação . Estes agentes internos ou externos são conhecidos como actores. É constituído por actores, casos de utilização e respectivas relações. Nesta figura, representamos o diagrama de casos de utilização do nosso projeto.

4.2.1 Diagrama DFD

O diagrama de fluxo de dados é uma ferramenta gráfica utilizada para expressar os requisitos do sistema numa forma gráfica. O DFD, também conhecido como "diagrama de bolhas", tem como objetivo clarificar os requisitos do sistema e identificar as principais transformações que devem ser programadas na conceção do sistema. Assim, o DFD pode ser definido como o ponto de partida da fase de conceção que decompõe funcionalmente as especificações dos requisitos até ao nível mais baixo de pormenor.

O DFD consiste numa série de bolhas unidas por linhas. As bolhas representam transformações de dados e as linhas representam fluxos de dados no sistema. Um DFD descreve o fluxo de dados em vez de como eles são processados. Por isso, não depende de hardware, software, estrutura de dados ou organização de ficheiros.

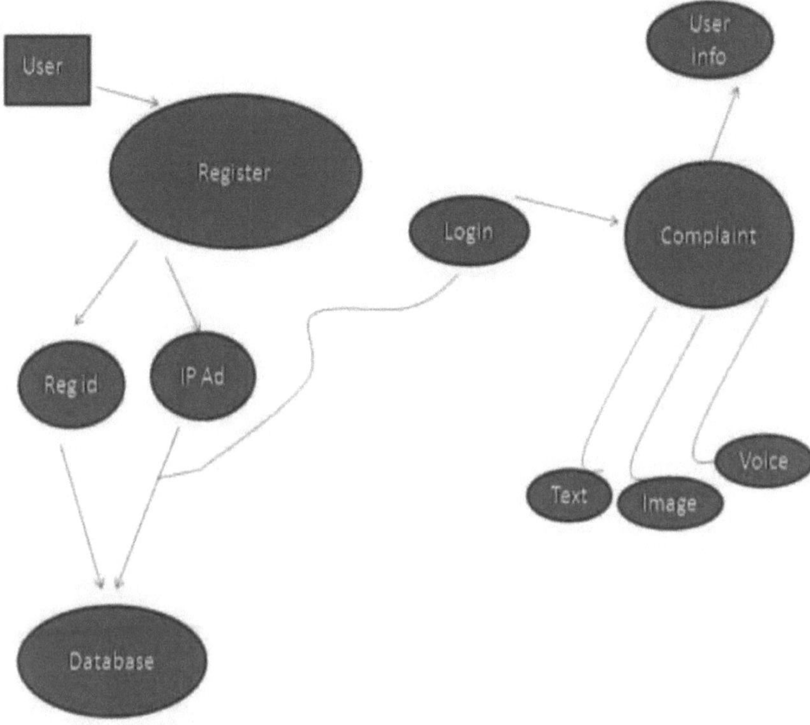

Figura 4.2 Diagrama DFD

4.2.2 Diagrama de casos de utilização

A UML é simplesmente outra representação gráfica de um modelo semântico comum. O UML fornece uma notação abrangente para todo o ciclo de vida do processo de desenvolvimento do projeto orientado para objectos.

Um caso de utilização é um conjunto de cenários que descrevem uma interação entre um utilizador e um sistema. Um diagrama de casos de utilização mostra a relação entre os actores.

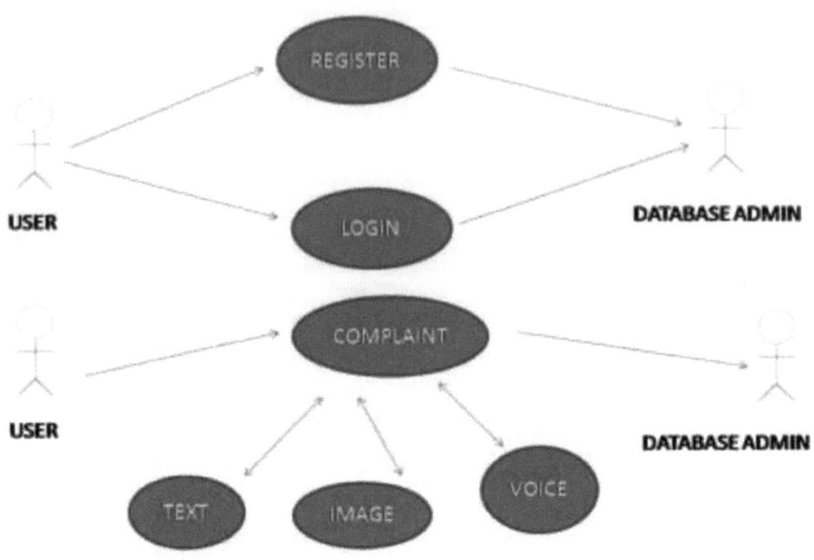

Figura 4.3 Diagrama de casos de utilização

4.2.3 Diagrama de actividades

Os diagramas de atividade são normalmente utilizados na modelação de processos empresariais para modelar a lógica capturada por um único caso de utilização ou cenário de utilização, ou para modelar a lógica detalhada de uma regra empresarial. Embora os diagramas de atividade UML possam potencialmente modelar a lógica interna de uma operação complexa, seria muito melhor simplesmente reescrever a operação de modo a torná-la suficientemente simples para não necessitar de um diagrama de atividade.

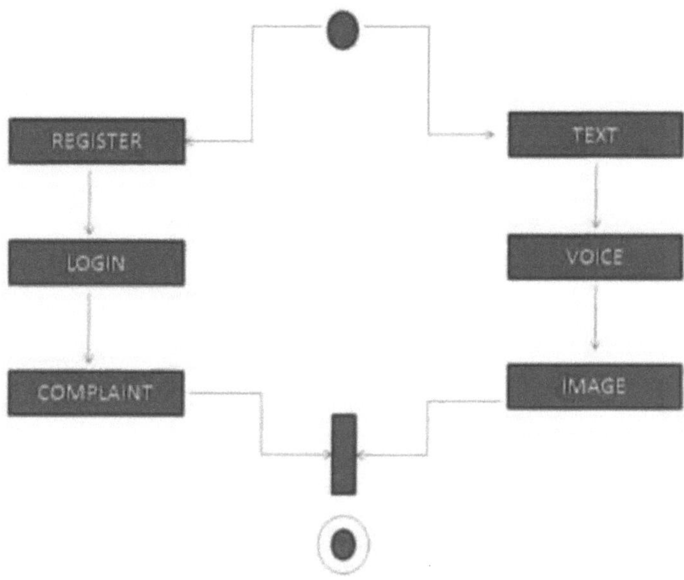

Figura 4.4 Diagrama de actividades

4.2.4 Diagrama de classes

O diagrama de classes mostra como as diferentes entidades (pessoas, coisas e dados) se relacionam entre si; por outras palavras, mostra as estruturas estáticas do sistema. Um diagrama de classes pode ser usado para mostrar classes lógicas.

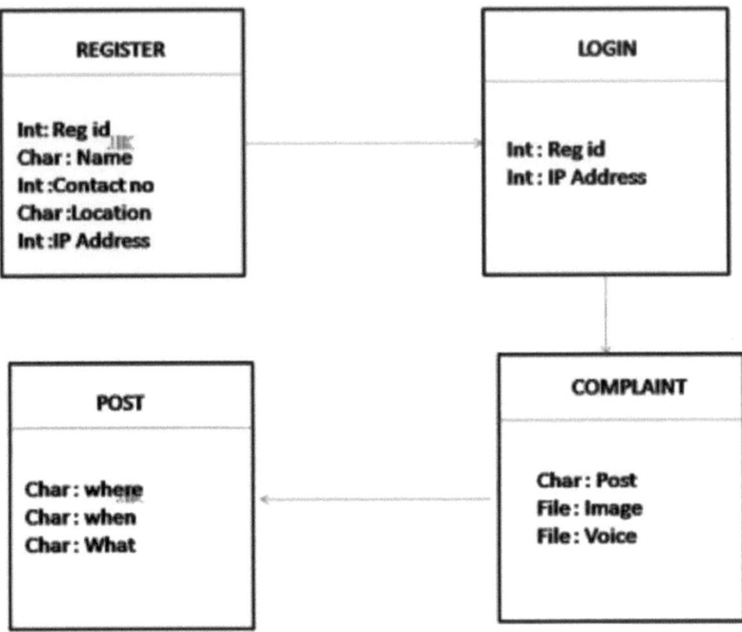

Figura 4.5 Diagrama de classes

4.2.5 DIAGRAMA DE SEQUÊNCIA

Os diagramas de sequência modelam o fluxo da lógica no seu sistema de forma visual, permitindo documentar e validar a sua lógica, e são normalmente utilizados para fins de análise e conceção. Os diagramas de sequência são o artefacto UML mais popular para modelação dinâmica, que se centra na identificação do comportamento do sistema.

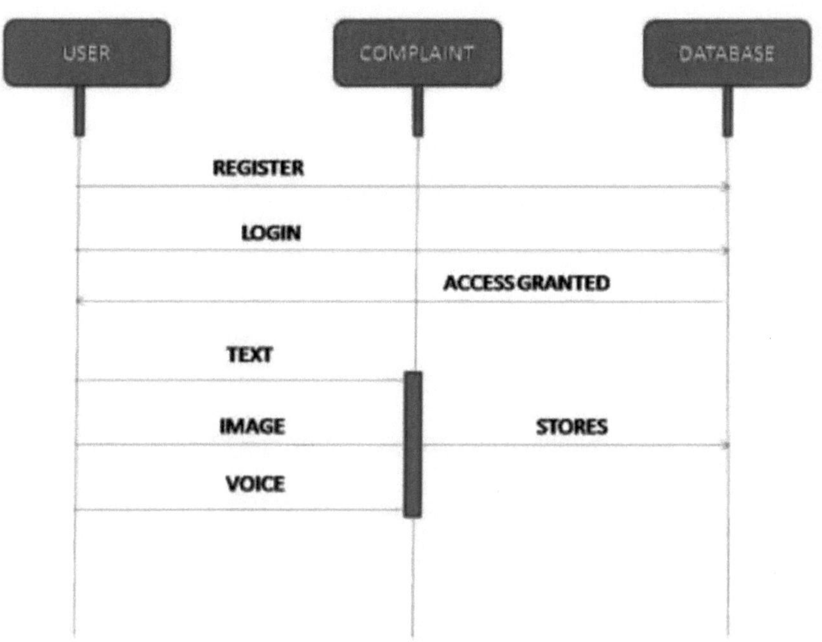

Figura 4.6 Diagrama de sequência

CAPÍTULO 5

IMPLEMENTAÇÃO DO SISTEMA

MÓDULOS

A nossa aplicação é composta por 3 módulos, nomeadamente

1. módulo de registo
2. módulo de acesso
3. módulo de reclamação

5.1 MÓDULO DE REGISTO

O novo utilizador, que é o público que precisa de utilizar a nossa aplicação, tem de se registar. O módulo de registo contém o Reg No, que é o número único do estado, como o Ration id ou o aadhar id, o utilizador pode introduzir o seu próprio id e o próximo ficheiro no módulo de registo é o endereço IP do servidor. Como se trata de um protótipo e não de um projeto em tempo real, o nosso próprio computador portátil funciona como o computador portátil e o endereço IP do nosso computador portátil é introduzido numericamente.

Depois de escolher a função de registo, o utilizador é reencaminhado para a página seguinte, onde tem de indicar o seu número de telemóvel e a localização e a que se refere a queixa, bem como a

5.2 MÓDULO DE INÍCIO DE SESSÃO

Após o registo bem sucedido, o utilizador tem de introduzir o ID gerado e o endereço IP da máquina e, se o registo for bem sucedido, é-lhe permitido aceder ao módulo Reclamação e, se não for bem sucedido, recebe a mensagem de que o valor não foi encontrado no servidor. Em seguida, o utilizador tem de voltar ao módulo de registo e registar-se.

5.3 MÓDULO DE RECLAMAÇÃO

Depois de o utilizador registar o módulo e iniciar sessão, a página de reclamação é reencaminhada para o utilizador, sendo constituída pelas quatro secções seguintes

5.3.1 Posto

Neste caso, o utilizador tem de fornecer os dados da queixa, o departamento a que a queixa diz respeito, o número de telemóvel e a zona, e, em seguida, para filtrar as queixas falsas, o OTP será recebido pelo utilizador em causa e o OTP é introduzido e, se o OTP corresponder, a queixa é apresentada com êxito.

5.3.2 Câmara

Aqui, o utilizador tem de abrir a secção "Fotografia" e, depois de a abrir, a câmara traseira é automaticamente activada e a fotografia da queixa pode ser tirada e carregada.

5.3.3 Voz

Aqui o utilizador, depois de carregar o ficheiro de imagem, pode agora exprimir o seu próprio discurso e a gravação será carregada em formato .wav para que as pessoas da língua local (Tamil) possam registar a queixa e o ficheiro .wav será atualizado na base de dados

5.3.4 Informações do utilizador

Através desta informação do utilizador, o utilizador pode conhecer e verificar os seus dados relativos ao Reg Id, ao número de telemóvel e às informações básicas que introduziu durante o módulo de registo.

CAPÍTULO 6

TESTE

O teste é o conjunto de actividades que podem ser planeadas com antecedência e conduzidas de forma sistemática. Por esta razão, é necessário definir um modelo para o teste de software, um conjunto de etapas nas quais podemos colocar técnicas específicas de conceção de casos de teste e métodos de teste para o processo de software. Se for conduzido ao acaso, perde-se tempo, aumenta-se o esforço desnecessário e, pior ainda, os erros passam despercebidos.

MANUTENÇÃO DO SISTEMA

Os objectivos deste trabalho de manutenção consistem em garantir que o sistema funcione sempre sem qualquer erro, devendo ser previstas alterações ambientais que possam afetar a aplicação móvel, o que se designa por manutenção do sistema.No nosso projeto, o processo pode ser adicionado sem afetar outras partes do sistema. A manutenção desempenha um papel vital. O sistema é responsável por aceitar qualquer modificação após a sua implementação. Este sistema foi concebido para favorecer todas as novas alterações, o que não afectará o desempenho do sistema ou a sua precisão

6.1 ENSAIO DO SISTEMA

Depois de testar todos os módulos, os módulos são integrados e o teste do sistema final é efectuado com os dados de teste, especialmente concebidos para mostrar que o sistema funcionará com sucesso em todas as suas condições. O teste de nível de procedimento é feito em primeiro lugar. Ao dar entradas impróprias, o erro ocorrido é notado e eliminado. Assim, o teste do sistema é uma confirmação de que tudo está correto e uma oportunidade de mostrar ao utilizador que o sistema funciona. O passo final envolve o teste de validação, que determina se o software funciona como o utilizador esperava. O utilizador final, em vez do programador do sistema, conduz este teste. A maioria dos programadores de software conduz este teste como um processo chamado "teste Alfa e Beta" para descobrir o que apenas o utilizador final parece ser capaz de encontrar.

Esta é a fase final do ciclo de vida do sistema, em que implementamos o sistema testado e sem erros num ambiente real e fazemos as alterações necessárias para que o sistema funcione em linha.

6.2 TIPOS DE ENSAIOS

6.2.1 TESTES UNITÁRIOS

Os testes unitários envolvem a conceção de casos de teste que validam que a lógica interna do programa está a funcionar corretamente e que os inputs do programa produzem outputs válidos. Todos os ramos de decisão e o fluxo de código interno devem ser validados. É o teste de unidades de software individuais da aplicação. É efectuado após a conclusão de uma unidade individual antes da integração. Trata-se de um teste estrutural, que se baseia no conhecimento da sua construção e é invasivo. Os testes unitários efectuam testes básicos ao nível dos componentes e testam um processo comercial, uma aplicação e/ou uma configuração de sistema específicos. Os testes unitários garantem que cada caminho único de um processo comercial funciona exatamente de acordo com as especificações documentadas e contém entradas claramente definidas e resultados esperados.

6.2.2 TESTES DE INTEGRAÇÃO

Os testes de integração são concebidos para testar componentes de software integrados para determinar se são efetivamente executados como um único programa. Os testes são orientados por eventos e estão mais preocupados com o resultado básico dos ecrãs ou campos. Testes de integração

Demonstrar que, apesar de os componentes serem individualmente satisfatórios, como demonstrado pelos testes unitários bem sucedidos, a combinação de componentes é correta e consistente. Os testes de integração têm como objetivo específico expor os problemas que surgem da combinação de componentes.

6.2.3 ENSAIO FUNCIONAL

Os testes funcionais fornecem demonstrações sistemáticas de que as funções testadas estão disponíveis conforme especificado nos requisitos comerciais e técnicos, na documentação do sistema e nos manuais do utilizador.

Os ensaios funcionais incidem sobre os seguintes elementos:

Entradas válidas : devem ser aceites classes identificadas de dados válidos.

Entradas inválidas As classes identificadas de dados não válidos devem ser rejeitadas.

Funções : as funções identificadas devem ser exercidas.

Saída As classes identificadas de saídas de aplicação devem ser exercido.

Sistemas/

Procedimentos: os sistemas ou procedimentos de interface devem ser invocados.

A organização e a preparação dos testes funcionais centram-se nos requisitos, nas funções-chave ou em casos de teste especiais. Além disso, a cobertura sistemática relativa à identificação de fluxos de processos empresariais, campos de dados, processos predefinidos e processos sucessivos deve ser considerada para os testes. Antes da conclusão dos testes funcionais, são identificados testes adicionais e é determinado o valor efetivo dos testes actuais.

OBJECTIVOS DO TESTE

1. Todas as entradas de campo devem funcionar corretamente.
2. As páginas devem ser activadas a partir da ligação identificada.
3. O ecrã de entrada, as mensagens e as respostas não devem sofrer atrasos.
4. Caraterísticas a testar
5. Verificar se as entradas têm o formato correto

6. Não são permitidas entradas em duplicado
7. Todas as ligações devem levar o utilizador à página correta.

6.3 TESTE DO SISTEMA

Os testes de sistema garantem que todo o sistema de software integrado cumpre os requisitos. Testa uma configuração para garantir resultados conhecidos e previsíveis. Um exemplo de teste de sistema é o teste de integração de sistema orientado para a configuração. O teste do sistema baseia-se em descrições e fluxos de processos, dando ênfase a ligações e pontos de integração de processos pré-determinados.

TESTES DE CAIXA BRANCA

O teste de caixa branca é um teste em que o testador de software tem conhecimento do funcionamento interno, da estrutura e da linguagem do software, ou pelo menos do seu objetivo. É o objetivo. É utilizado para testar áreas que não podem ser alcançadas a partir de um nível de caixa preta.

TESTES DE CAIXA NEGRA

O teste de caixa negra consiste em testar o software sem qualquer conhecimento do funcionamento interno, da estrutura ou da linguagem do módulo que está a ser testado. Os testes de caixa negra, tal como a maioria dos outros tipos de testes, devem ser escritos a partir de um documento de origem definitivo, como uma especificação ou um documento de requisitos, como uma especificação ou um documento de requisitos. Trata-se de um teste em que o software a testar é tratado como uma caixa negra, em que não é possível "ver" o seu interior. O teste fornece entradas e responde a saídas sem considerar o funcionamento do software.

ENSAIO DE UNIDADE

Os testes unitários são normalmente realizados como parte de uma fase combinada de código e teste unitário do ciclo de vida do software, embora não seja invulgar que a codificação e os testes unitários sejam realizados como duas fases distintas.

ENSAIOS DE INTEGRAÇÃO

O teste de integração de software é o teste de integração incremental de dois ou mais componentes de software integrados numa única plataforma para produzir falhas causadas por defeitos de interface.

A tarefa do teste de integração é verificar se os componentes ou aplicações de software, por exemplo, componentes de um sistema de software ou - um passo acima - aplicações de software ao nível da empresa - interagem sem erros.

Resultados dos testes: Todos os casos de teste mencionados acima foram aprovados com êxito. Não foram detectados defeitos.

ENSAIOS DE ACEITAÇÃO

O teste de aceitação do utilizador é uma fase crítica de qualquer projeto e requer uma participação significativa do utilizador final. Também garante que o sistema cumpre os requisitos funcionais

ENSAIOS DE VALIDAÇÃO

O teste de validação é quando os requisitos estabelecidos como parte da análise de requisitos de software são validados em relação ao software que foi construído. Este teste fornece a garantia final de que o software atende a todos os requisitos de comportamento funcional e desempenho, e o erro que não foi coberto durante o teste de integração é descoberto e corrigido durante esta fase.

CASOS DE TESTE

TEST CASE NO	TEST CASE	TEST CASE DATA	TEST CASE STATUS
1	REGISTER	Reg id(Generated) Name:Hari Number: 7598046021 Location;Porur IP:123.132.234.56	PASS PASS PASS PASS PASS
2	LOGIN	Reg id:(Generated) IP:123.132.234.56	PASS PASS
3.1	COMPLAINT	**POST** where:6/7, Gandhi nagar what:Water leakage in tank when:4:00PM **clicking SUBMIT** Enter the OTP : 3033	PASS PASS PASS PASS
3.2	COMPLAINT	**IMAGE** Toast msg"url:// location:D://folder/ Photo/ image34.jpg"	PASS
3.3	COMPLAINT	Toast msg "File Stored"	PASS

CAPÍTULO 7

RESULTADOS EXPERIMENTAIS E DISCUSSÕES

CAPTURAS DE ECRÃ

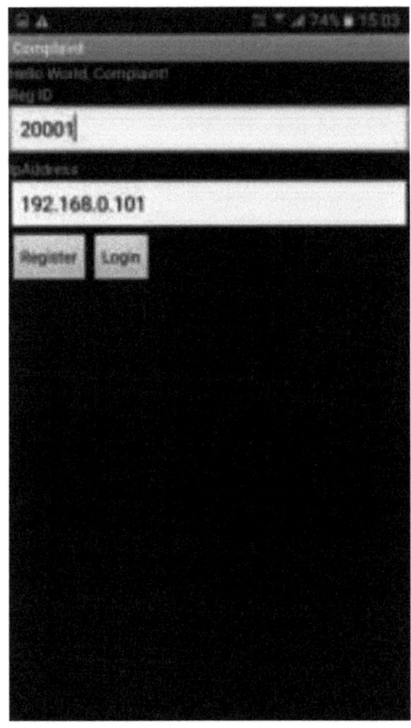

Figura 7.1 Página principal

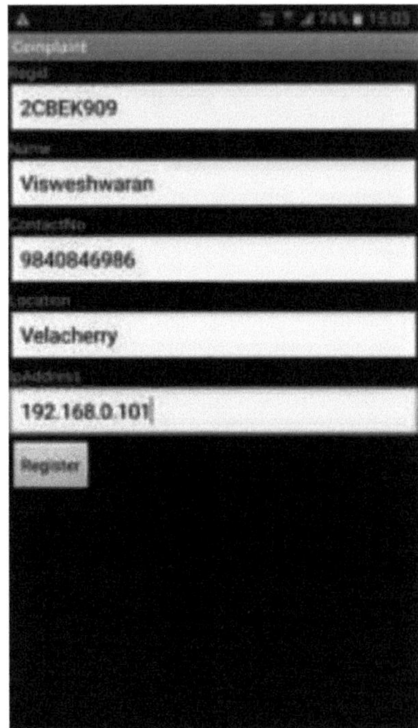

figura 7.2 Página de registo

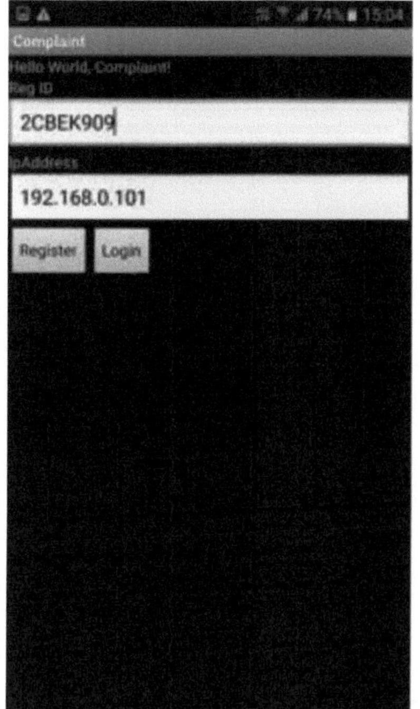

Figura 73 Página de início de sessão

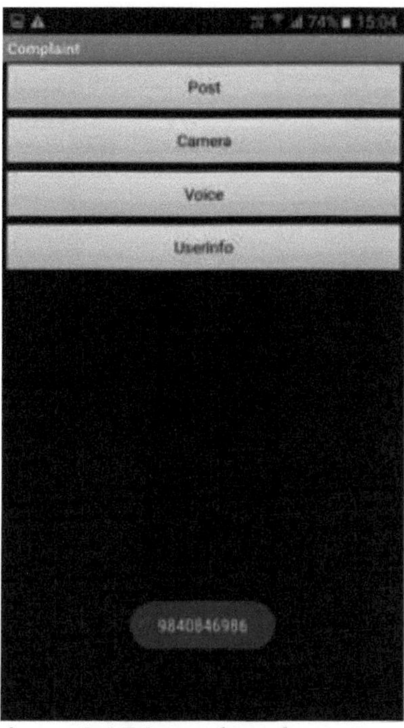

figura 7.4 Página de reclamação

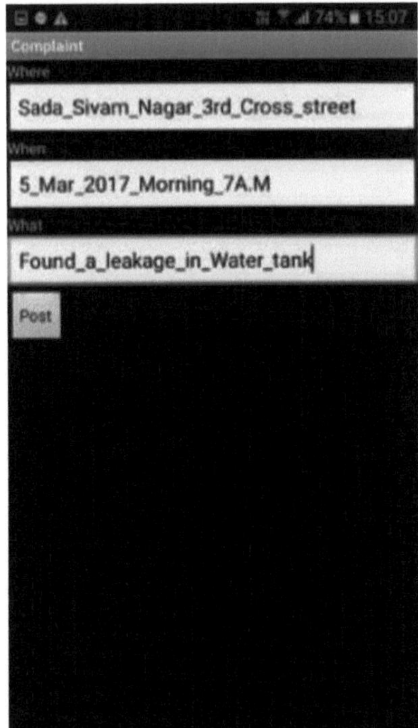

figura 7.5 Post pag

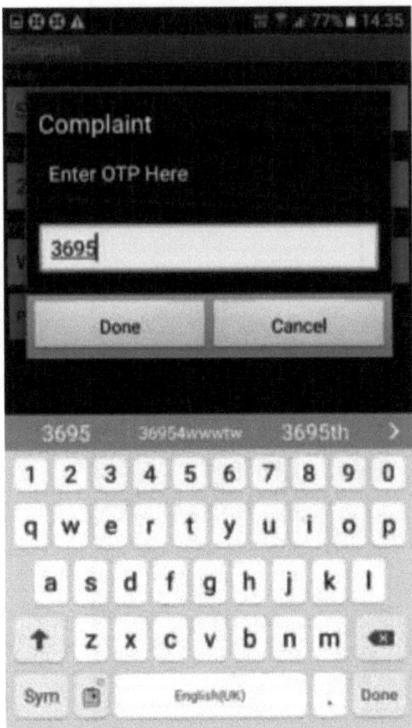

Figura 7.6 Página OTP

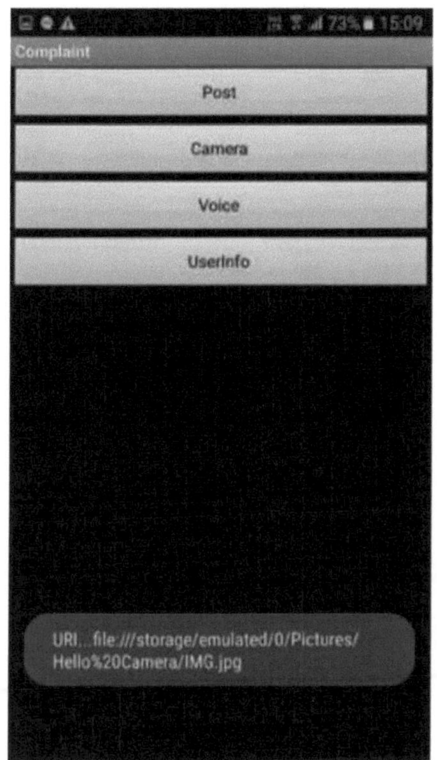

figura 7.7 Câmara acionada

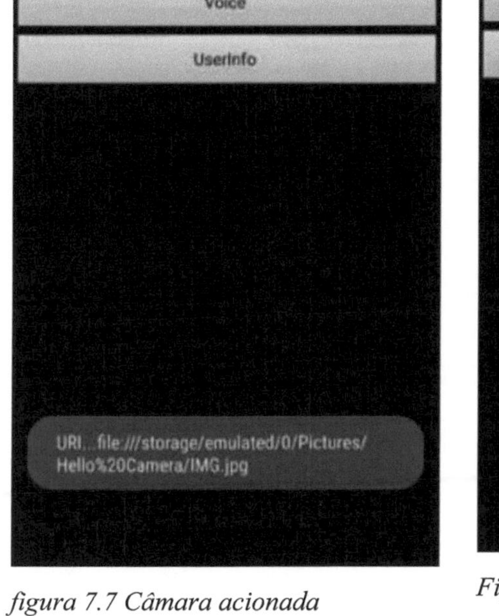

Figura 7.8 Voz gravada

79 Página de informação do utilizador

CAPÍTULO 8

CONCLUSÃO E MELHORIAS FUTURAS

8.1 CONCLUSÃO

Esta aplicação fornece com o módulo de voz ajuda o usuário a se sentir livre para expressar as queixas e é a comunicação direta entre o usuário ea corporação, este pode ser um modo fácil de registrar as queixas, e única aplicação para punir os usuários falsos.Neste o usuário pode ser sentir fácil de atualizar suas queixas em vez de ir para o escritório corporation.They estão postando queixa em tecnologias recentes, não por tendências mais antigas

8.2 MELHORIAS FUTURAS

O nosso projeto precisa de algumas melhorias no lado do servidor. Uma vez que o utilizador apresenta a queixa e espera que a pessoa em questão chegue a uma determinada área, o projeto deve ser melhorado adicionando uma parte de notificação, no momento em que a pessoa em questão se encontra no local. E a parte seguinte da melhoria é o detetor de localização, assim que o utilizador apresenta a queixa, a sua localização, latitude, valores de longitude são armazenados no servidor e podem facilmente localizar a área que deve ser rectificada.

CAPÍTULO 9

REFERÊNCIAS

[1] Anand Kulkarni, Naved Khan, Ajinkya Modak Aplicação Android com voz para reclamações de trânsito e sistema de notificação de buracos utilizando GPS e tecnologia GSM-GPRS pp [32,34] ,International Journal of Advanced Research in Computer and Communication Engineering
Vol. 3, Número 3, março de 2014

[2] Anjana A, Bhagyashree P Bhat, Sridevi K, Sunil Kumar Desenvolvimento de um aplicativo de controle de luz de rua baseado em Android e de levantamento de reclamações pp [3,5], Jornal Internacional de Pesquisa Avançada em Pesquisa e Desenvolvimento Atual Vol. 3, Edição 3, março de 2014

[3] Devika Radhakrishnan, Nisarg Gandhewar, Ruchita Narnaware, Prayas Pagade, Arpan Tiwari e Pooja Vijaywargi
Sistema Inteligente de Gestão de Reclamações

[4] Sistema de gestão de reclamações baseado em Android para a Corporação Municipal Trupti Bomble*, Ritika Raut*, Ruchi Kanekar*, Prof.Shekh AhmadHusen** Trupti Bomble et al. Int. Journal of Engineering Research and Applications ISSN: 2248-9622, Vol. 5, Issue 4, (Parte -3) abril de 2015, pp.64-66

[5]International Journal of Innovative Research in Computer
e Engenharia de Comunicação (Uma Organização Certificada ISO 3297: 2007)
Vol. 3, Issue 4, April 2015Copyright to IJIRCCE 10.15680/ijircce.2015.0304055
3271
Sistema de gestão de queixas baseado no Android: Canto do Povo
Melina Fernandes, Merika Britto, Festo Francis

APÊNDICE-A

CÓDIGO

AndroidManifest.xml

```
<?xml version="1.0" encoding="utf-8"?>

<manifest xmlns:android="http://schemas.android.com/apk/res/android"

      package="com.Complaint"

      android:versionCode="1"

      android:versionName="1.0">

    <uses-sdk android:minSdkVersion="10" />

<uses-permission android:name="android.permission.INTERNET"></uses-
permission>

<uses-permission android:name="android.permission.CAMERA"></uses-
permission>

<uses-permission
android:name="android.permission.WRITE_EXTERNAL_STORAGE"></uses-
permission>

  <uses-feature android:name="android.hardware.camera" />

    <uses-permission android:name="android.permission.RECORD_AUDIO" />

     <uses-permission android:name="android.permission.CAMERA" />

    <application android:icon="@drawable/icon" android:label="@string/app_name">

        <activity android:name=".Complaint"

                  android:label="@string/app_name">

            <intent-filter>

                <action android:name="android.intent.action.MAIN" />

                <category android:name="android.intent.category.LAUNCHER" />
```

```
        </intent-filter>
      </activity>
<activity android:name="RegisterActivity"/>
<activity android:name="PostDetails"/>
<activity android:name="PreviewActivity"/>
<activity android:name="AudioRecord"/>
<activity android:name="UserInfo"/>
<activity android:name="Menu"/>
   </application>
</manifest>
```

R.java

```
package com.Complaint;


public final class R {
    public static final class attr {
    }
    public static final class drawable {
        public static final int icon=0x7f020000;
    }
    public static final class id {
        public static final int button1=0x7f050007;
        public static final int button2=0x7f050008;
        public static final int button3=0x7f05000b;
```

```
    public static final int button4=0x7f05000c;
    public static final int edit1=0x7f050001;
    public static final int editText1=0x7f050003;
    public static final int editText2=0x7f050005;
    public static final int editText3=0x7f05000a;
    public static final int editText4=0x7f05000e;
    public static final int editText5=0x7f050010;
    public static final int linearLayout1=0x7f050006;
    public static final int preview=0x7f050000;
    public static final int textView1=0x7f050002;
    public static final int textView2=0x7f050004;
    public static final int textView3=0x7f050009;
    public static final int textView4=0x7f05000d;
    public static final int textView5=0x7f05000f;
}
public static final class layout {
    public static final int activity_main=0x7f030000;
    public static final int custom_dialog=0x7f030001;
    public static final int main=0x7f030002;
    public static final int menu=0x7f030003;
    public static final int post=0x7f030004;
    public static final int register=0x7f030005;
    public static final int userinfo=0x7f030006;
}
```

```
  public static final class string {
    public static final int app_name=0x7f040001;
    public static final int hello=0x7f040000;
  }
}
```

activity_main.xml

```
<?xml version="1.0" encoding="utf-8"?>
<RelativeLayout xmlns:android="http://schemas.android.com/apk/res/android"
 android:orientation="vertical"
 android:layout_width="fill_parent"
 android:layout_height="fill_parent" android:background="#FFFFFF">
 <SurfaceView
  android:id="@+id/preview"
  android:layout_width="fill_parent"
  android:layout_height="fill_parent"
 />
 <RelativeLayout
  android:layout_width="fill_parent"
  android:layout_height="100dip"
  android:layout_alignParentBottom="true"
  android:gravity="center_vertical"
  android:background="#A000">
  <ImageView
   android:layout_width="100dip"
```

```
android:layout_height="wrap_content"
/>
</RelativeLayout>
</RelativeLayout>
```

RegisterActivity.java

```
package com.Complaint;

import java.util.Random;

import org.apache.http.HttpEntity;
import org.apache.http.HttpResponse;
import org.apache.http.client.HttpClient;
import org.apache.http.client.methods.HttpGet;
import org.apache.http.impl.client.DefaultHttpClient;
import org.apache.http.util.EntityUtils;

import android.app.Activity;
import android.os.Bundle;
import android.view.View;
import android.view.View.OnClickListener;
import android.widget.Button;
import android.widget.EditText;
import android.widget.Toast;
```

```
public class RegisterActivity extends Activity {
        EditText regid_txt,name_txt,con_txt,location_txt,Ipaddr_txt;
        Button Login,Register;
         HttpResponse response;
                HttpClient httpclient;
                String location = null;
                String responseText;
         public void onCreate(Bundle savedInstanceState) {
              super.onCreate(savedInstanceState);
              setContentView(R.layout.register);
              String gid=generateOtp();
              regid_txt=(EditText)findViewById(R.id.editText1);
              name_txt=(EditText)findViewById(R.id.editText2);
              con_txt=(EditText)findViewById(R.id.editText3);
              location_txt=(EditText)findViewById(R.id.editText4);
              Ipaddr_txt=(EditText)findViewById(R.id.editText5);
              regid_txt.setText(gid);

              Register=(Button)findViewById(R.id.button1);
              Register.setOnClickListener(new OnClickListener() {

                          @Override
                          public void onClick(View v) {
                                  // TODO Auto-generated method stub
```

```
                    String id=regid_txt.getText().toString().trim();
                    String name=name_txt.getText().toString().trim();
                    String con=con_txt.getText().toString().trim();
                    String
location=location_txt.getText().toString().trim();

ServerIPAddress.setIpaddress(Ipaddr_txt.getText().toString());
                    String details="REGSITER$"+id+"$"+name
+"$"+con+"$"+location;
                    String reply=getConnection(details);
                    if(!reply.equals("")&&reply.equals("ADDED")){
                        Toast.makeText(getApplicationContext(),
"INSERTED", 10).show();
                    }
                    else{
                        Toast.makeText(getApplicationContext(), "Not
Inserted", 10).show();
                    }
                }
            });
    }
    private String generateOtp(){
        int NUM_CHARS = 8;
        String chars="ABCDEFGHIJK1234567890";
        Random r = new Random();
        char[] buf = new char[NUM_CHARS];
```

```
            for (int i = 0; i < buf.length; i++)

            {

                buf[i] = chars.charAt(r.nextInt(chars.length()));

            }

            String otp = new String(buf);

            return otp;

        }

        public String getConnection(String message){

            try {

        httpclient = new DefaultHttpClient();

        HttpGet httpget = new HttpGet("http://"+ServerIPAddress.getIpaddress()+":
2222/"+message);

       response = httpclient.execute(httpget);

       HttpEntity entity = response.getEntity();

       responseText = EntityUtils.toString(entity);

        return responseText.trim();

     }catch (Exception e){

       Toast.makeText(this, "error"+e.toString(), Toast.LENGTH_LONG).show();

       return e.toString();

     }

   }

}
```

Printed by Books on Demand GmbH, Norderstedt / Germany